手作

Guide

I

# 不如做植物

茹茹萍 著

重庆出版集团
重庆出版社

1 2 3

# I

I

手作
Guide

## Contents

# *Chapter*_01

# 绿色篇

# 植蕨

『一朵』工作室所在的龟山岛，确切地说是个沙洲，尤其适宜种植甜竹，一年收两次，春笋和冬笋。沙质土壤种出来的竹笋嫩脆且甜，几乎远近闻名。

竹子作为世界上最长的草，一直以来将树的高度作为自己成长的目标。若有竹笋未来得及采摘，没几天就噌噌长成竹竿儿了。所以阿公们会定时来收竹笋，新笋很脆，锄头左右两下，就挖了一个大腿粗的竹笋出来。阿公挖了竹笋后总会顺便送两个给我们，煲汤很鲜很甜。

我是一直觉得有点奇怪的，看着这片竹子春去冬来一两年了，明明有『果实』让人收成，为什么就不曾见到花？村里很多人说，一直都没见过竹子开花呢。但有个年纪特别大、几乎看不到牙齿的老婆婆笑了，用当地方言含含糊糊说了一段话。黑土告诉我大意：竹子几十年才开一次花，而且据说一开花就会有不好的事情发生。

竹子郁郁葱葱，却从未见其开花

后来查了一些书籍，才知道竹子作为世界上最长的禾本植物，几乎五六十年才开一次花，开完就成片死亡。可能是郁郁葱葱的竹子一夜之间全枯萎了，而古人总是把超出自己经验范畴的非人祸事件归为天灾，才有竹子开花寓意不祥的说法吧。

一样从不见开花的，还有蕨类。竹子比树都高，竹底下阴凉处，除了竹笋，大多是成片的蕨类。蕨类是孢子植物，依靠孢子繁殖，的确不开花不结果。执着如蕨，一生就专注于把叶子长好。也许只有见过蕨类，才会明白原来不是所有的叶子都是为了衬托花，原来有的叶子天生就是主角。

南方雨水充沛，亚热带的暖冬，蕨类仍然会发芽，厨房窗户边的树干上有一藤状蕨类总是动不动探头进来。我钩了钩，让它往另一个方向长。无意间发现这藤状植物身上同时长有四种不同的叶子，着实让人感到新奇。在《华南常见植物图鉴》中得知，这是海金沙蕨，为多年生攀缘蕨类。

中华里白蕨

乌毛蕨

海金沙蕨的每一次成长都伴随着几乎『面目全非』的变化

初芽

伸枝

裂叶

长成

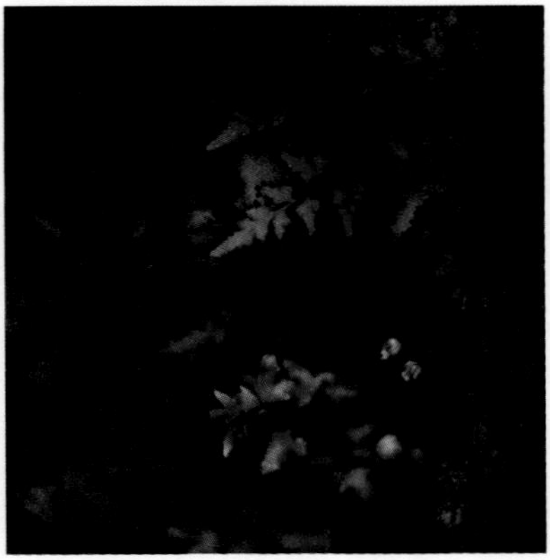

海金沙蕨

本是山上的植物，却偏偏取了个海的名字。《本草纲目》记载：『色黄如细沙也，谓之海者，神异之也。』因可入药部分黄如细沙，故称海金沙。常见的海金沙中药指的是它的孢子。一般选晴天清晨露水未干时，割下海金沙蕨的茎叶，于避风处晒干，用手搓揉、抖动，使叶背的孢子脱落，再用细筛筛去茎叶，生用入药。海金沙这味药正是『加多宝』凉茶的主要原料。

此后我便留心观察这个意外来客。目睹它在短短不到半年时间，从一棵小苗爬到两米高的树上。然而使我惊叹的不是它的生长速度，而是它从最初的嫩芽到开始裂叶，再到最后长成，每一次成长都伴随着几乎『面目全非』的变化。

几乎是从生命的起始到结束，它都同时上演着『生老病死』。在同一株海金沙蕨身上，我们可以看到海金沙蕨初芽的样子，也能看到新芽的叶子开始裂变，进而成长为一片成熟的蕨类叶子，最后一阵风来，我还看到了成熟叶子背后排列整齐的孢子，等待随风飘往更广袤的天地间，开始新的生命旅程。

一片叶子可以感知一个世界，说的就是蕨类吧。作为现存最古老的陆生植物，我想它一定知道这个星球的许多故事，才让叶子长得就像一幅画，藏有远古以来的自然痕迹。蕨类多半会有复叶，左右时而对称时而参差，仔细端详，我总会恍惚感觉这不是一片叶子，这简直是一片树林。『一叶成林』形容得真是恰到好处。

而多么幸运，蕨类是一种绝佳的植物标本材料，所以我把这些远古精灵一片片搬回家，只要给植物们一个干净的相框，你就会发现它们压根不逊色于任何一幅名画。

干燥后的标本看起来会轻盈些，透过灯光，叶脉和细胞壁组织仍然清晰可见。我总觉得叶脉是记录了植物一生的图谱，就像年轮记录了树的春去秋来，叶脉也牢记着叶的生来落去。夜里逆着灯光，细看叶脉，干燥后的植物叶脉会更为清晰。我总是惊叹于这小小世界里精美如迷宫般的纹样。都说读书越多，越觉得自己浅薄，我是看得叶脉越多，越怀疑最完美的纹样设计师就是植物！

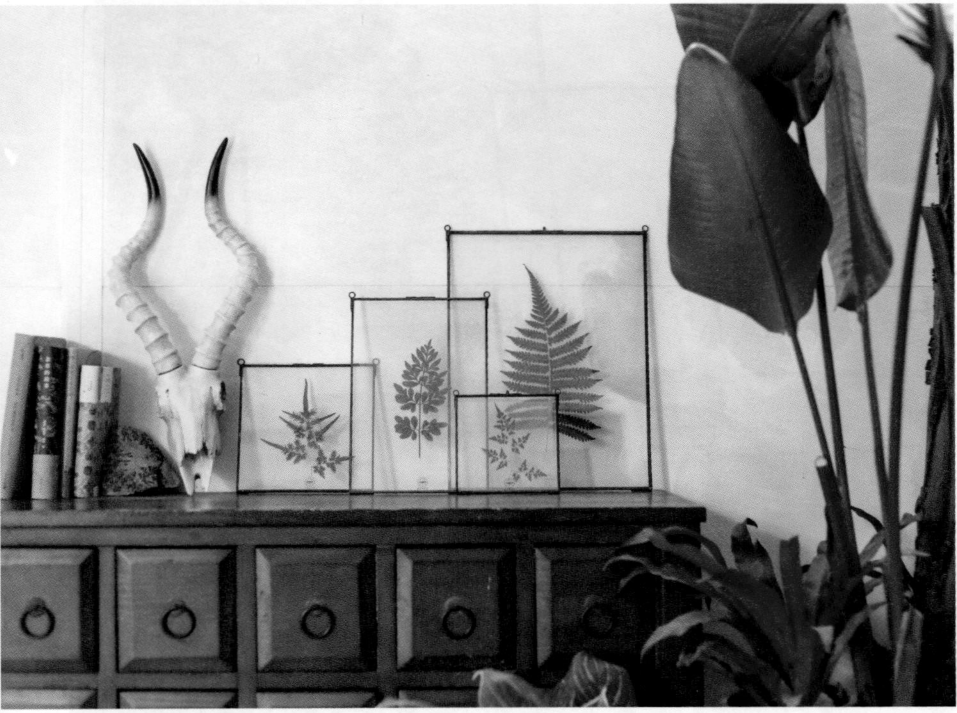

# 这可能是最养眼的装饰画了

『花有三用，一使室宇美丽，二使山野温柔，三使心灵阳光。』

这句话算是概括出植物最文艺的一面了。我想没有人不爱植物吧？家里有点植物总是让人感到心情愉快的。但也总有一些植物不那么好养。既然都是为了美丽室宇，那如果让植物们变成一幅画，悬挂于墙面之上，也不失为植物存在于生活中的另一种方式。

植物标本，就是实现植物上墙成画的常见方式之一。有关植物标本的制作方法有很多，包括干燥剂法、微波炉法、押花法，还有最简单易行的自然风干法。这里以蕨类为主，教大家如何制作一面植物标本墙。

制作植物标本装饰画之前，我们需要掌握植物标本的制作方法。

1

# 制作植物标本

*Make a Herbarium*

**植物材料**

①

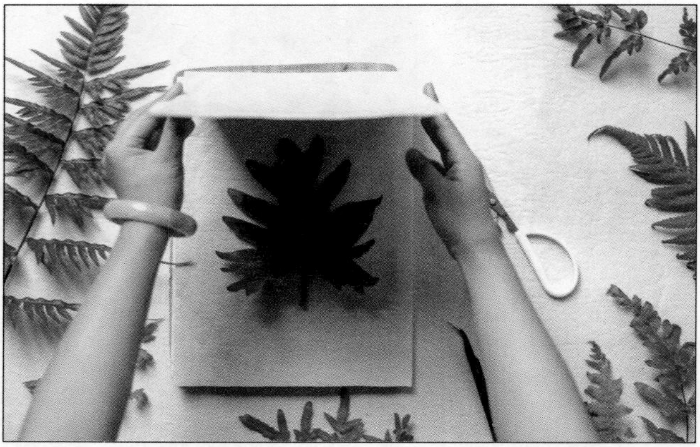

②

①—选择喜欢的植物叶子。图为我养在室内的春羽叶子。

②—如果有条件，到大自然里去采点新鲜叶子就更好不过了。最好选择上午采摘，那时叶子状态最好。如果没有及时做成标本，记得把它放在水里养着。

## 工具材料

①

②

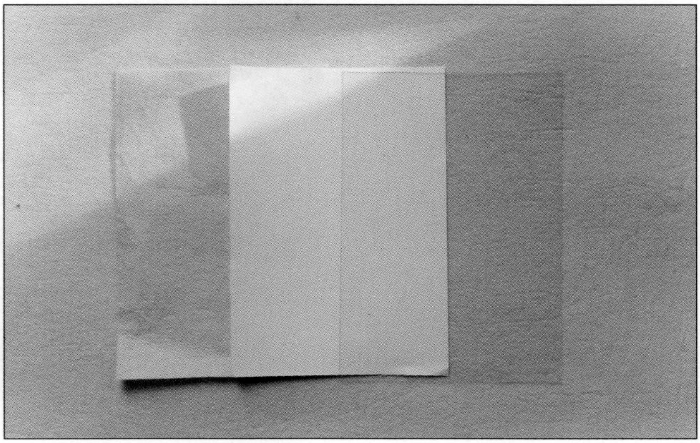

①—剪刀、镊子、网络商店可以买到的押花板套装（一般包括两块木板、几块干燥板、几片海绵、夹子、说明书等）。

②—植物与植物之间除了干燥板，还有一个分隔板。押花板里原配的是海绵，可惜颜色不好看，我就用别的材料代替，效果类似。干燥的毛毡、水彩纸、宣纸、亚克力板都可以作为分隔板的材料。

①

②

①—清洗好的植物，切掉多余的茎、不够完美的叶。

②—第一层用木板做底，之后可以按照“干燥板 — 植物 — 干燥板 — 植物”或“干燥板 — 植物 — 分隔板 — 植物 — 干燥板”的组合方式来压平植物。

3

4

③一这里特别说明一下，针对蕨类植物，可以尝试用亚克力板作为分隔板，这样可以看得到叶尖是否整齐，并及时调整（绝对不能两块亚克力板夹一片植物，不透气会导致植物发霉）。

④一最后合上第二块木板，动作要轻。

⑤

⑥

⑤—用夹子从四面用力夹住。原装的夹子虽然好看，却只能夹住有一定厚度的标本，灵活度不够，标本太薄的话往往夹不住。

⑥—如果标本夹得太厚或者太薄，你会发现普通夹子才是神器。

⑦

⑧

⑦—最后，记得用封口袋密封起来。

⑧—因为所处区域湿度不同，干燥的时间也有所不同。一般 3—7 天之后可以拆开封口袋，用镊子轻轻挑出压好的叶子，植物标本就做好了。

A4
20
B5
15
ハガキ
10
5
0
5
10
15
ハガキ
20

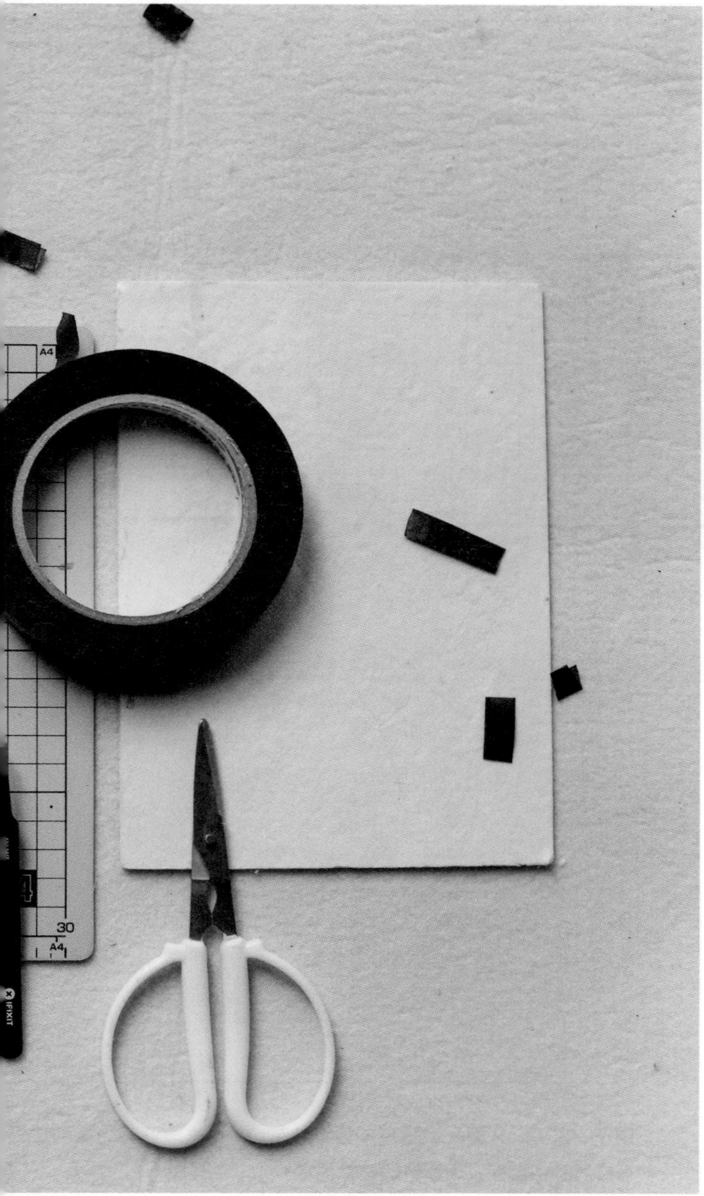

2

# 制作植物装饰画

亚克力版本

*Use Clear Acrylic Sheets*

## 材料准备 Materials Checklist

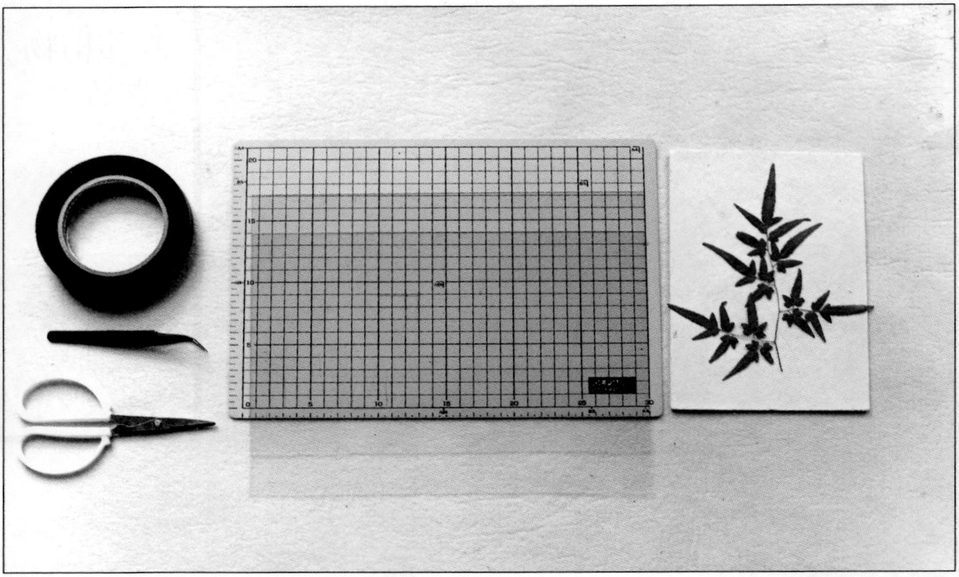

镊子、剪刀、2 厘米宽黑色美纹纸胶带、1 毫米厚亚克力板两块、有标尺的切割板、干燥好的植物标本。

①

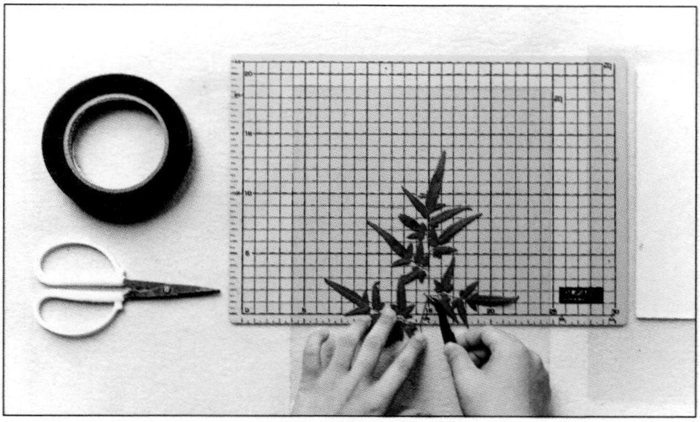

②

①—将植物标本居中置于亚克力板上，注意修剪掉植物鼓起来或多余的茎。

②—轻轻放上另一块亚克力板。注意尽量不要在亚克力板接触植物的那一面留下手纹。

③

④

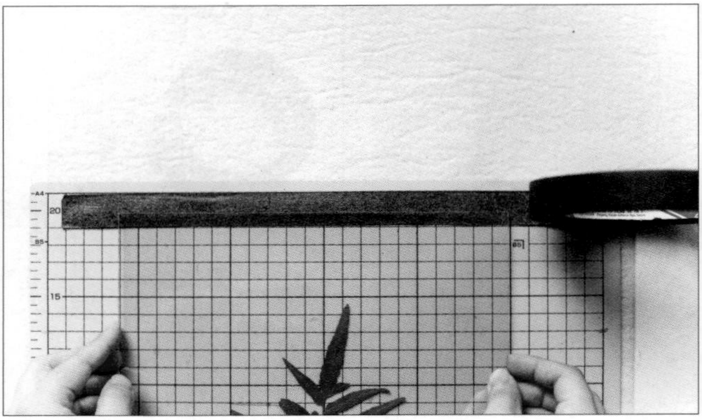

③—两块板夹住标本对齐。

④—美纹纸胶带参照切割板上的标尺放好，大概在美纹纸胶带居中偏下的位置轻轻放上亚克力板。

5

6

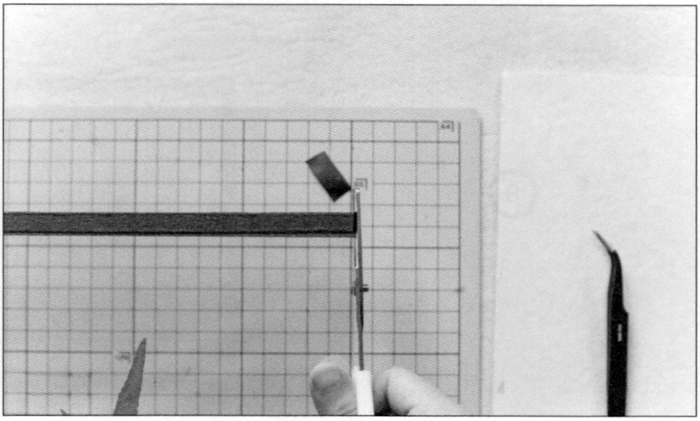

⑤—仔细将胶带与亚克力板粘好。

⑥—切掉多余的边。

⑦

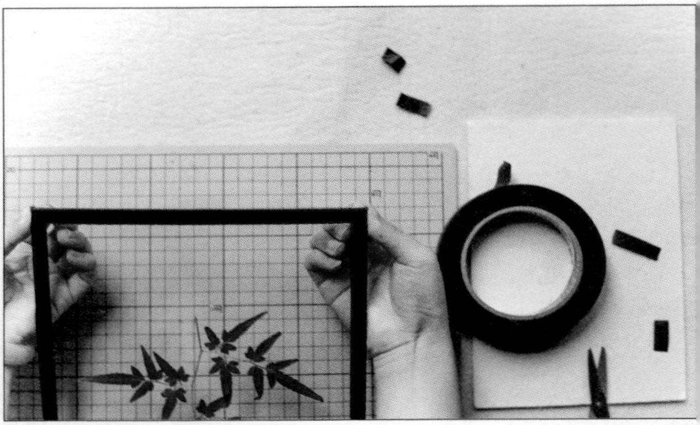

⑧

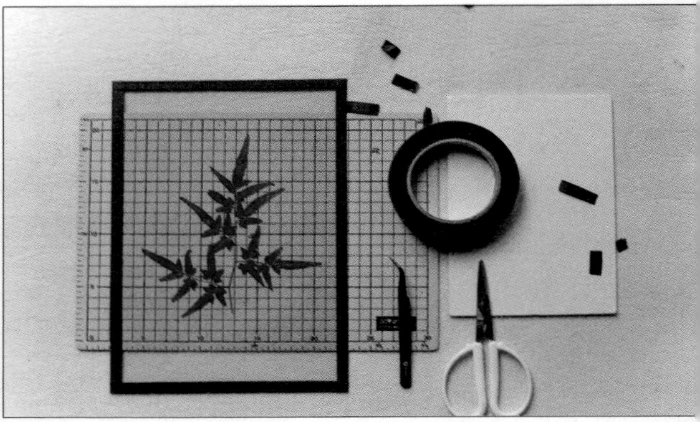

⑦—其他三条边也是同样的做法。

⑧—完成。

## 3

# 制作植物装饰画

### 玻璃版本

*Use Glass Sheets*

剪刀、镊子、夹子、磨过边的玻璃板、处理好的植物标本。

①

②

①—剪去鼓起来或多余的茎。

②—两片玻璃板夹好标本。

③

④

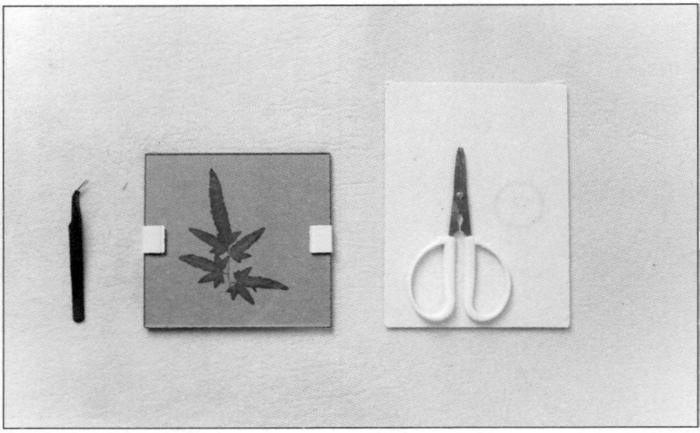

③—也可以在植物的背面添加北欧风的白色卡纸或者复古风的牛皮卡纸。

④—用颜色相同的夹子（这个夹子是我买纱窗剩下的配件，觉得挺好看就用了起来。我也不知道叫什么名字）夹住两片玻璃。

⑤

⑤—完成。

做标本也是有失败率的。这和操作者的经验、环境的湿度、植物的品种等都有关。上图左下角就是失败的例子。

**小贴士：**

*1* 个人建议做亚克力标本，
因为周边封了一圈的美纹纸胶带起到了很好的防潮作用，
而玻璃标本就达不到很好的防潮效果。

*2* 亚克力标本、玻璃标本二者在远观时是差不多的，
但近看的时候，后者更有质感些。
追求细节的，建议选择玻璃标本。

*3* 做好的植物标本如果暴露在空气里，
没几天就可能会变黑或者褪色。
如果能用两块亚克力板封存起来，可以保存更长的时间。
标本的保存时间因环境的湿度、光照与植物种类而异，
为 *2--5* 个月。

## Tips:

1 To avoid getting damp, clear acrylic sheets would be the better choice for covering. You may use masking tapes to stick around the periphery of sheets, which also helps to protect the herbarium from air. On the contrary, because two pieces of glass sheet are merely combined by clips, they are insufficient to keep herbarium dry.

2 If you are pleased for a picture of Exquisite in detail, glass covers will surely satisfy you with its desirable visual effect. particularly when you see the picture in close. Nevertheless, it's hard to tell any difference between glass covers and acrylic covers when you stand in distance.

3 When the herbarium is exposed to air, its color will fade or get brown in days. To prevent from being oxidized, you may put it in the middle of two clear acrylic sheets sealed with tapes. The duration of herbarium ranges from 2 months to 5 months, depending on its plant species and condition of placement.

# Chapter_02

## 咖色篇

咖色让我想起秋天，也让我想起大地。大自然才是绝佳的色彩搭配师吧！树林里铺天盖地的咖色落叶、棕色果实、米色树皮都是我最爱的配色，以至于我放心地把衣柜里的衣服都选成大地色系，这样随便哪一件配另一件看起来都会像秋天一样舒服。

# 时间带不走的，都是最本质的

我每年都在期待秋天的到来。因为秋高气爽的时候，大地开始变成一个植物自然风干场，漫山遍野的干燥植物简直收集不尽。这时进山，才是探险寻宝的旅程。那些你平日里看着不起眼的植物，很有可能在这个时候结出了深红的果子，惹人喜爱。我没舍得和鸟雀抢食，一方面多数浆果是做不了干燥植物的，另一方面我的箩筐是要来装杉果的。

南方多杉树，小时候外婆会将杉果拿来生火做饭，杉果可以说是南方人儿时司空见惯的『玩具』了。杉果吸引我的地方，可能是它玫瑰花般的模样吧！每次摘杉果的时候，总是带着一个不曾解开过的疑问——这些叶子呈针状的植物怎么可以让果实长成花的模样？

可杉树是不会回答我的，哪怕它们知道明年我还会再来摘杉果，还会再问同样的话。

杉果虽有蔷薇花的形状，但通体却是咖色，这让它比艳丽的鲜花更为耐看。刚从枝干上长出来的杉果是绿色的，略微潮湿。当秋风吹起来的时候，杉果因为水分的分离而伸展得更开些，越发像盛放的蔷薇。深秋时节，杉果干透了，也足够成熟，枝丫早就无法承担它的重量，也只能撒手不管任其掉落了。成熟的杉果略扎手，通体均已木质化，这意味着杉果几乎可以和木头一样长期保存。

对植物不敏感的人，会把杉果和松果混为一谈。松果确实和杉果有些像，也是开成了一朵花的模样，不过前者『花瓣』更厚，体形更大些，颇有北方汉子的高大感，而杉果『花瓣』薄且弯曲，体型更为小巧，简直就像南方姑娘。松果和杉果一样，在潮湿的环境下会闭合成松塔，在干燥的环境里就会伸展成一朵花。

这是一切干燥植物共有的特征——越是水分流失，越是时光荏苒，越能展现自己的特色。

突然间，不那么怕老去，不那么怕细纹的出现。干燥植物像一个优雅的老者，她告诉我，曾经她也是十八岁的少女，有着翠绿硬挺的叶子、娇嫩欲滴的花瓣。而今她以一袭低饱和色花叶与硬朗的枝干，深沉又淡然地看着这个风起云涌的世界，用一生的经历说明一个道理：时间带不走的才是最本质的，历经沧桑的才是最耐看的。

秋天里，在城市办一场干燥植物的展览最适合不过。二〇一六年秋季，『一朵』与上海无印良品合作过一个小型展览——我的植物手作台。该展览此前已经在老朋友厦门『旧物仓』的场地展览过。

《我的植物手作台》展览现场

这次的展览，主体包括三部分：一面挂满标本的墙、一张呈现手作状态的工作台，以及大量的干燥水晶草营造出来的大场景。墙面上挂了几十种标本，以我收集到的干燥果实类为主，类似松果、杉果、山捻子、橡果等。植物们就只是简单地缝在亚麻布油画框上，没有加标签，没有加玻璃罩，更没有『禁止触摸』的标志。

我已经做好植物在展览过程中有部分损坏的准备。一方面，我希望每个人都可以近距离观察干燥植物，相比鲜花的光鲜亮丽，干花远观时并不起眼，但如果能近距离观察，就会发现干燥植物本身的特殊纹理有多么耐看。另一方面，我们也确实知道，不做保护的展览，难免会出现频繁触摸导致干花毁坏的情况。但我想这也是展览的一部分。我相信一次破坏性行为一定会在肇事者心里留下一次印象深刻的体验——原来美好的东西那么脆弱。而植物本身的脆弱性，正是它让人感到怜惜的原因之一吧！

手作台局部

试验器皿的博物风格与干燥植物十分搭配

1

# 干燥植物之自然风干法

*Natural Air Drying*

有关干花制作的方法很多，包括干燥剂法、微波炉法、押花法，还有最简单易行的自然风干法。我最常用的是自然风干法，我一般称之为『晾花』。

干燥剂法做出来的植物最好密封在树脂里，色彩可以保持相当长的时间。

微波炉法难度相对较高，因植物不同，微波炉的温度不同，处理时间也有所不同，一不小心就可能烧焦。香草类的干燥储存还是首推微波炉干燥法。押花法在绿色篇已经介绍。从我个人日常的创作需求来看，自然风干法做出来的干花，可在自然空气中保存一至两年，操作起来也比较简易。这里整理了相关步骤分享给大家。

# 选择合适的花材

经常会收到一些留言询问我为什么可以把植物干燥得这么好看，颜色状态保持得这么美，其实这里并没有什么特殊的干燥方式。相比于如何干燥，更重要的是干燥什么。我不是多么会干燥植物，我只是比较会挑选植物。

①—选择水分尽可能少的植物。
植物含水量越低，越容易快速干燥，并保留最佳的色彩。常见花材中不适合干燥的有：百合花、龙胆花、石竹、相思梅、千代兰、茉莉花、紫罗兰、普通绣球、小雏菊、向日葵、非洲菊、相思豆（并不是所有的果实类都适合）。
常见花材中适合干燥的有：玫瑰、多头蔷薇、康乃馨、秋叶绣球等含水量相对较低的花材，尤加利果、黄金球、小米果、松果、棉花等果实类，薰衣草、勿忘我、满天星、情人草、水晶草、千日红、蕾丝花等配花类，尤加利叶、银菊叶等叶材，以及珊瑚果、针垫花、木百合等偏木质化的进口花材。

自然风干的尤加利叶

满天星是最容易风干的植物之一

荷兰花材：新娘花

南非果实：刺猬果

干燥后的绣球

另外，常见的绣球花，要分两种情况干燥。秋叶绣球干燥起来特别容易，成品也十分好看，但是普通的绣球干燥起来就容易缩成一团。果实类虽然很适合干燥，但大多数浆果（比如相思豆）在干燥过程中会迅速变黑，不适合处理成干燥植物。

②一选择颜色分明的植物。

花朵在干燥过后，植物本身的色彩饱和度会降低，很多颜色差异不大的玫瑰干燥后看起来几乎一样。如果选择粉色、紫色、白色的玫瑰，干燥后色彩相近得就像是同一种花干燥而成。另外，浅色的花材干燥时操作不当易出现腐败色，而深色植物相对影响不大。所以干燥玫瑰的时候，一般建议选择深红色和纯白色（香槟色也可以）的玫瑰。这样干燥出来的花束色彩会比较分明。康乃馨同理。

多头蔷薇比玫瑰更适合做干花。黄色、玫红色的多头蔷薇干燥后极为耐看。另外，市面上一些新培育的多头蔷薇常常一朵花上有多种颜色，也很适合做干花，风干后颜色对比会更为强烈。

干燥后的玫瑰

干燥后的多头蔷薇

自然风干的棕榈叶

③——一般来讲，植物的枝干、叶片、果实会比花朵更容易干燥。其实一些野外捡来的植物干燥起来最顺手，比如一根树枝上有几片叶子或几颗果子，简简单单搭配粗陶花器就很有禅意。

# 选择合适的地区与天气

干燥植物的过程其实就是水分蒸发速度与细菌滋生速度比赛的过程。北方较为干燥的地区一年四季都适宜晾花，一般一周左右花材基本可以晾干。南方最佳的晾花季节为秋、冬两季，但具体晾干时间根据不同湿度可能需要一至两周。如果一定要在春、夏两季晾花的话，可以考虑将烘干机放进无纺布衣柜里，临时建起一个小烘干室，就可以继续烘干植物了。

在南方的气候条件下，制作干燥植物总是会有点腐败色，做成花束也有点逊色了

南方气候潮湿，除了用专门的玻璃花房保存干燥植物，一些用于桌面装饰的植物也需要用玻璃花器罩起来

# 开始晾花

剪枝：买回来的新鲜花材，建议直接进入干燥流程。有时候我们买回来的花材还是花苞，可以先将其在水里泡 1—2 天，状态最佳的时候从花瓶取出，拭干水分，去除已经枯萎和变色的叶子。另外，不要等花材盛放过度后才开始晾干，否则花瓣特别容易掉落。

捆绑：挑选三四枝花，用绳子将花束紧紧捆住，打一个死结。留出多余的绳子，在末端打一个死结，方便悬挂。

悬挂：空间足够大的话，可以直接用胶带将植物粘在梯子上、桌子边、衣架上等，通风条件更佳。
悬挂的时候要特别注意，因为大多数花头重量比茎秆大，所以需要倒立悬挂，这样才能保证干燥后花材枝干的挺直。

瓶插：一些花朵很小、含水量很低的配花，比如满天星、情人草等，建议直接放入敞口花器自然风干。

一些花头重量大于茎秆的植物，如果没有倒立悬挂晾干，就容易像右图中这样耷拉下来

2

# 植物绘画

## 零基础<br>一小时可以<br>完成的<br>植物画

*Make a Botanical Drawing in an Hour*

对于干燥植物，我最深刻的印象，就是低饱和的大地色和硬朗分明的枝干形态。所以在描绘干燥植物的时候，我更倾向用简单的线条来表达。如果加上颜色，也最好不要脱离植物本身的色调。

于初学者而言，一幅画最难完成的部分，应该是轮廓。我在某个夜晚的台灯下把玩植物时，干燥植物借着台灯的光落了个影子在我的绘画本上，轮廓清晰又别具特色。顺手拿起笔就跟着影子描开，几乎无须构思，就放空让画笔跟着影子走，不一小会儿，一幅植物白描就完成了。确切地说，是植物和我一起完成的。

## 材料准备 Materials Checklist

**植物材料**

建议取材于身边的植物，可以是花市上常见的蔷薇果，
可以是路边的落叶，也可以是南方山地里最常见的蕨类芒萁，
或者是张牙舞爪的海铁树。
只需要你喜欢这种植物，恰好它又轮廓清晰即可。

绘画材料

深色水彩纸（最好选择较厚的纸，比如牛皮卡纸），
白色水彩颜料（国画颜料或丙烯颜料），
较细的颜料笔（华虹 0—3 号，以备描不同植物之需），
普通铅笔和橡皮（也可以用自动铅笔），
台灯一盏、书两三本。

1

2

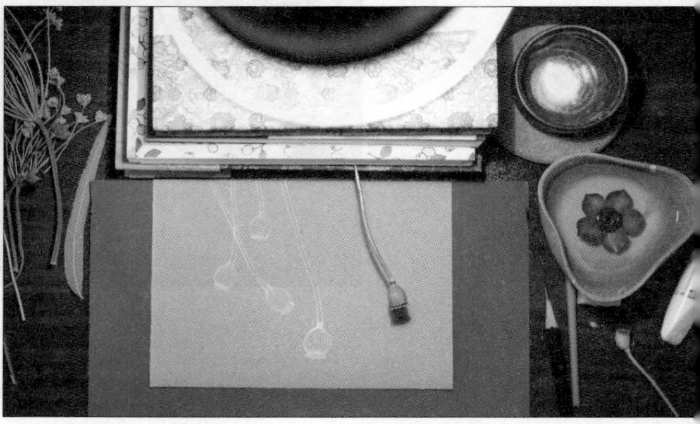

①—选择合适的植物，可多枝，可单枝。

②—将植物压在书本下，台灯光源调整至卡纸正上方。

③

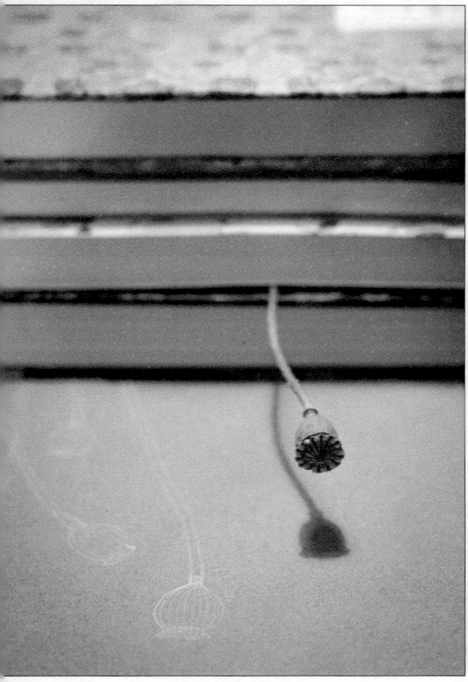

④

③一台灯越靠近卡纸，植物轮廓越清晰，但是植物投影越小。

④一反之，离卡纸越远，植物投影越大。一枝植物可以通过调整距离和转换方向，在卡纸上形成多种投影。

⑤

⑥
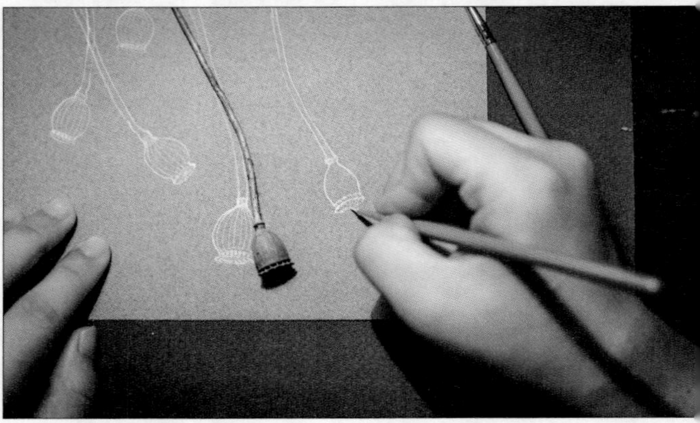

⑤—用铅笔将投影轻轻描出来（熟练后也可以直接用水彩笔描画）。

⑥—取下植物，用 1 号水彩笔沿着铅笔画的痕迹再描一遍。

⑦

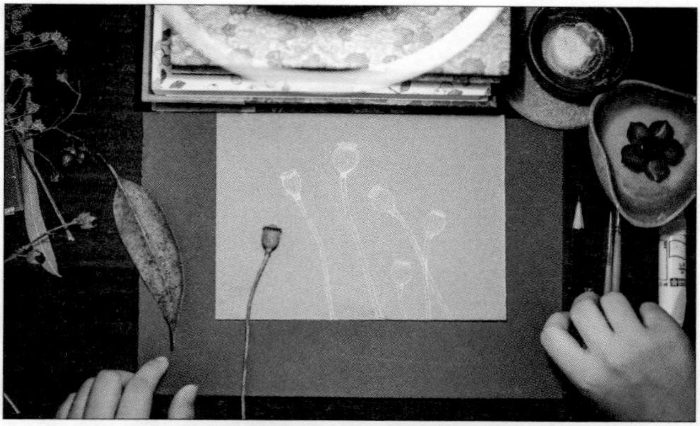

⑧

⑦—对照植物，用 0 号水彩笔将细节补上。

⑧—最后将之前的铅笔印擦干净。

同样地，也可以直接用压平了的枯叶来勾画轮廓。完成一幅叶子主题的白描步骤更为简单。直接将叶子按压在卡纸上描叶子轮廓。之后，对照着叶子，将叶脉等纹路描好。最后用白色颜料沿着铅笔画的草稿再描一遍。

做好的白描卡纸可以裱起来做装饰画，也可以裁成书签大小，让作品分布在喜欢的书本之间。

# Chapter—03

## 黄色篇

# 一根玉米的逆袭

大部分植物干燥后难免变得暗淡枯槁。但有一种植物，越干燥，颜色越鲜艳。

说是植物，我看到它时首先联想到的却是食物：激发食欲的嫩黄色，饱满的果肉，还有掩盖不住的谷香。我想，玉米一定是最受欢迎的谷物之一了。南方人喜欢做玉米排骨汤，北方人觉得烤玉米会更香，尤其是在西北，玉米常被成串晾起来，作为冬季存粮，也寓意年年丰收。

我尤其迷恋的是，剥开玉米皮后裸露出来的暖黄色果肉。童年时期，喜欢做外婆的小帮厨，外婆总是让我帮忙剥玉米粒，做成我喜欢的松子炒玉米。我每掰下一颗玉米粒，都会小心翼翼，因为总觉得玉米粒长得特别像牙膏广告里的牙齿，每掰一下，似乎都会再次感受到拔牙的酸痛。但一想到中午要吃上松子炒玉米，手脚就更麻利些了，所以脑袋里的臆想终是败给了口腹中的欲望。

玉米粒因为水分的抽离，
质地变得坚硬且越发金黄

第一次看到干燥玉米，倒是在北方。南方的玉米总是没来得及干掉就已经发霉了。但在北方，大多数的日子里，玉米放着放着就自然风干了。带皮晾干的玉米，可以看到薄得卷起来的玉米皮，有着手工纸的质感，且白得剔透。而玉米粒因为水分的抽离，质地变得坚硬且越发金黄。

这时候的玉米也许不一定让人有食欲，却是很耐看的，犹如所有的干燥植物一样。

在南方的日子，我只能选择秋、冬季节来晾干玉米。好在南方气候温暖，一年四季都有玉米可食。哪怕是腊月，仍然可以买到完整的玉米。

一根新鲜的玉米，需要先将玉米皮扯开，但不必撕掉。然后悬挂于通风处，晾一周时间。待玉米皮开始变得像纸一样干燥而有点发卷，玉米粒开始干瘪而越发金黄，就可以将玉米做成花了。

一根完整的玉米，可以将玉米皮、玉米粒、玉米茎、玉米芯分离开，又重组成五种不同的花朵，分别是荷花、菊花、金槌花、雏菊和蔷薇。而如果对插花感兴趣，还可以多做几朵金槌花、雏菊、蔷薇等，恰好能插成一篮子『玉米花』。

玉米皮，像纸一样的质感

玉米做成的菊花

1

# 玉米做成的荷花

*A Lotus Pattern Made of Corn Ear*

## 材料准备 Materials Checklist

植物材料

工具材料

植物材料：晾干的玉米（带皮）。

工具材料：剪刀、美工刀、牛皮绳、花泥、相框、热熔胶枪、树枝（粗细各几枝）。

①

②

①—将玉米皮从玉米茎部剪下，尽量不用手撕，以免破坏玉米皮的完整性。

②—将褶皱的苞叶轻轻展开。

③

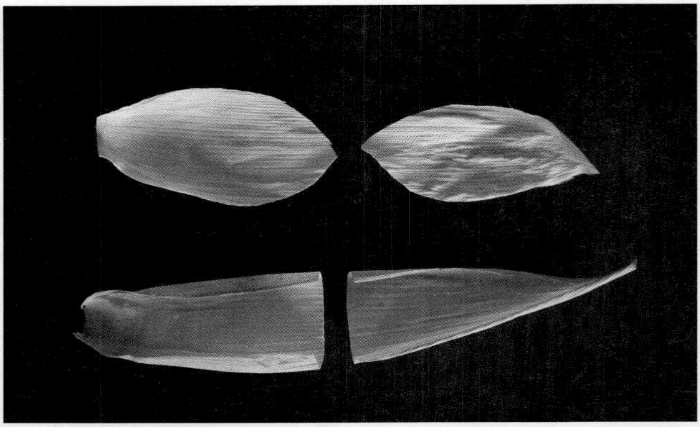

④

③—将完整的玉米皮对半剪开，一片完整的玉米皮可以剪出两片大小不一的荷花瓣。

④—选择玉米皮有褶皱的地方作为花瓣的底部，对半剪开的部分作为花瓣顶部，剪出圆弧状的锥形作为花瓣尖。

⑤ 

⑥ 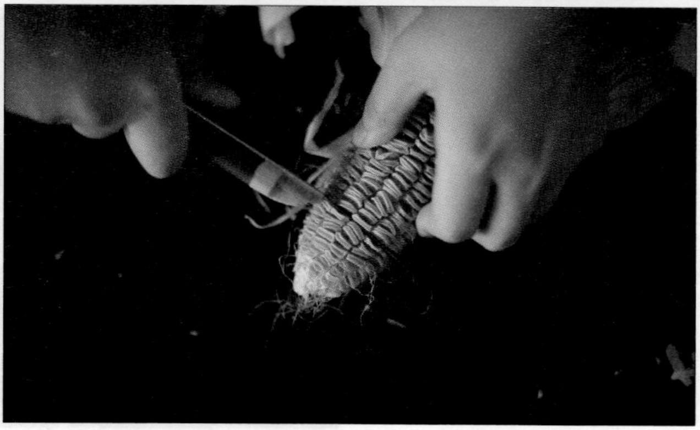

⑤—一朵荷花一般需要两层花瓣，外层五片大花瓣，里层五片小花瓣，具体数量根据“莲蓬”的大小来调节，以荷花的整体美观为主。

⑥—将玉米棒的顶部（三四厘米）切下，作为“莲蓬”。

⑦

⑧

⑦—玉米尖部作为荷花莲蓬的底部，为了方便花瓣的固定，需要切出一个小平面。

⑧—用树枝在小平面戳出一个半厘米的孔，然后打进热熔胶，迅速再把树枝固定进去（若树枝戳不进去，可以先用镊子戳个小孔）。

9
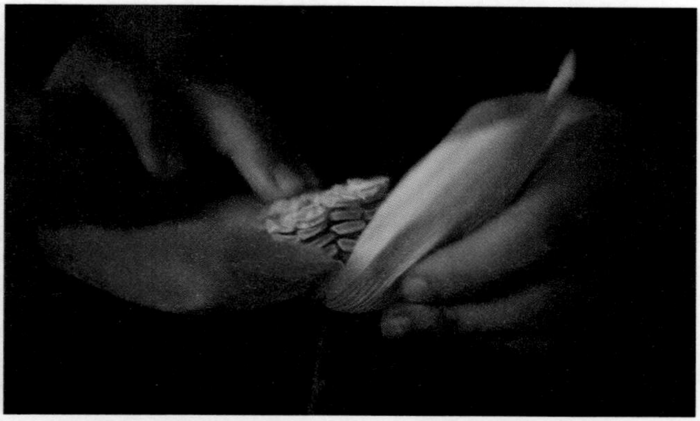

10

⑨—选择大的“花瓣”，在花瓣底部打好热熔胶，迅速粘到“莲蓬”底部。一瓣紧挨一瓣围满一圈。

⑩—选择小的“花瓣”，粘在“莲蓬”和大花瓣之间，与第一层的花瓣错开。

⑪

⑫

⑪—等热熔胶稍凝固后，将外层花瓣微微向外展开，使荷花看起来更灵动。

⑫—成品。

**小贴士:**

1 玉米的晾晒: 将玉米皮( 苞叶 )一层一层翻开，不要撕下。选择非阴雨天气晾晒于通风处，北方晾晒一周即可，南方建议晾晒十天左右。

2 玉米的选择：较为干净的带皮玉米，要求带有玉米须和玉米茎。

3 同时做几种“玉米花”时，一般建议先做荷花。因为荷花花瓣对于材料的要求较高，需要选择最为完整最为大片的玉米苞叶。

*Tips:*

*1 How to Dry the Corn Ear: Please remove the layers of ear but not shuck them off. Then keep the corns in a dry and well-ventilated place expect on rainy days. Keep drying for a week in cool weather or ten days in high humidity.*

*2 Selection of Corns: Clean corns with ear, silks and internodes.*

*3 If you prepare for several different patterns,you may start from the "Lotus", Lotus petals of good appearance are generally composed by those biggest and intact pieces of ear.*

2

# 玉米堆里盛开的蔷薇

*Roses Made of Corn Ear*

①

②

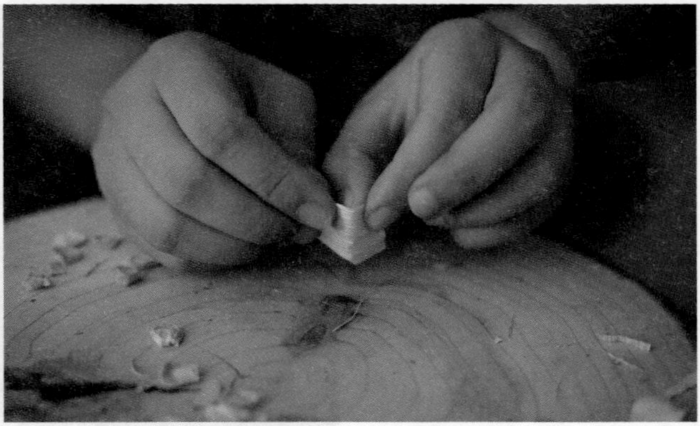

①—选择相对柔软的苞叶，撕成宽 2 厘米左右的长条，再按照 3 厘米的长度剪段。

②—将剪好的苞叶从三分之一处轻轻对折，注意不要折成死痕，折痕要保持弧度。

③

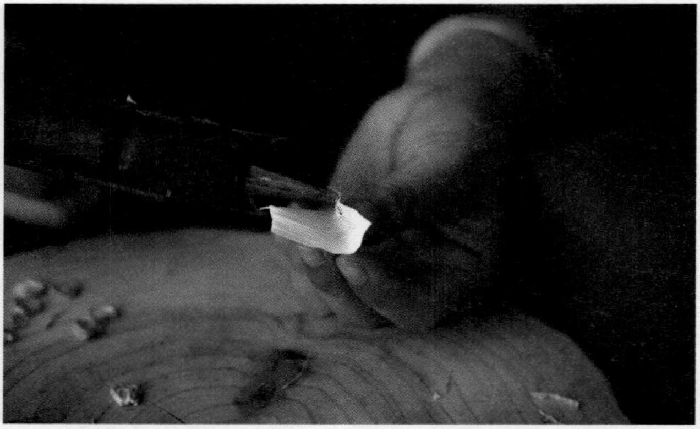

④

③—在折痕较短的一端打上热熔胶。

④—用镊子固定黏合处，另一手指轻压对折处，使弧度更为明显。蔷薇花瓣就算完成了。

⑤

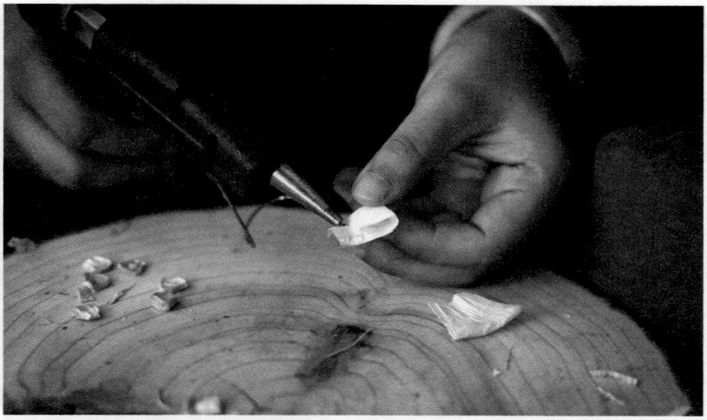

⑥

⑤—在“花瓣”底部两头打胶。

⑥—以小树枝（或牙签）作为蔷薇花秆，将打好胶的“花瓣”迅速粘上“花秆”。

⑦

⑧

⑦—可以用手或镊子粘紧花瓣底部，形成一个倒立锥形，作为蔷薇“花蕊”。

⑧—重复步骤②至④，做出第二个“花瓣”，包上做好的“花蕊”。

⑨

⑩

⑨—重复做多个“花瓣”，依次粘上，相互错开。

⑩—每粘一个“花瓣”，都要加固花蒂部分，使整个蔷薇花侧面呈现倒立三角形。

小贴士：

1 每层的花瓣要较前一个花瓣宽一些，但最多不要超过 0.5 厘米。

2 尽量使用镊子黏合花瓣，小心使用热熔胶枪，避免伤到手。

*Tips:*

*1 Each petal in upper layer should be about 0.5cm wider than that below it.*

*2 Use tweezers and glue gun to stick and modify the ears in petal shape. Be careful not to scald your hands.*

3

# 玉米
# 花篮子

*A Basket Made of Corn Ear*

①

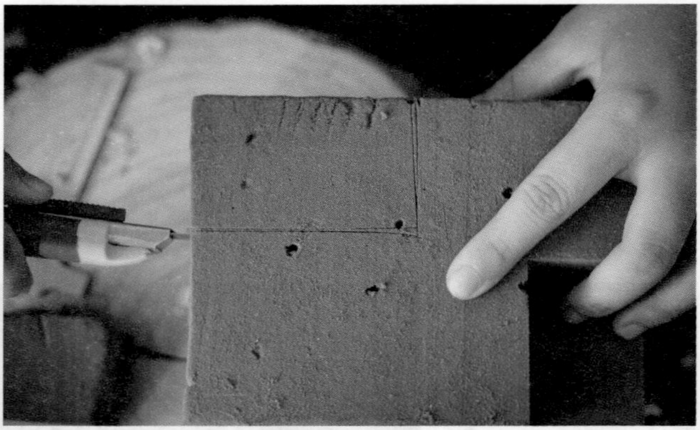

②

①—从花泥裁下一块 3 厘米 ×5 厘米 ×2 厘米的长方体。

②—削成梯形。直径较长的一端为花篮顶部，较短的一端为花篮底部。

③

④

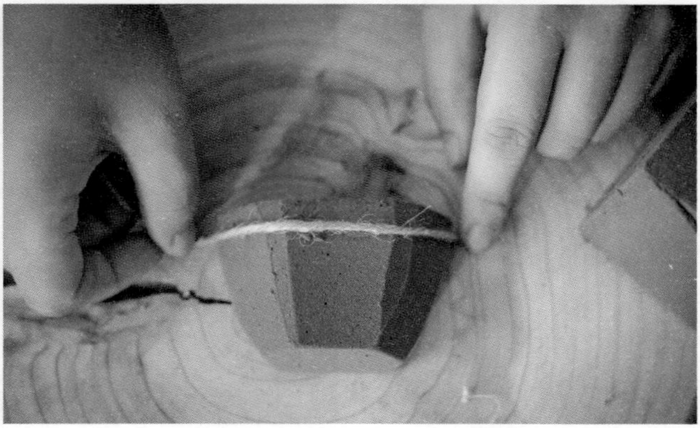

③一一点一点修剪成花篮形状。

④一用草绳量好花篮的宽度。

⑤
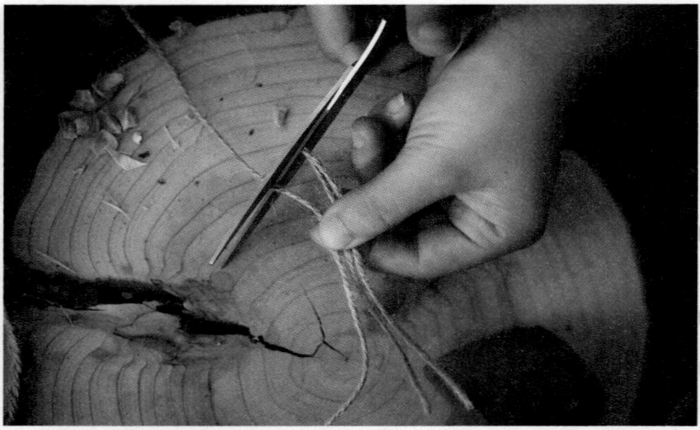

⑥
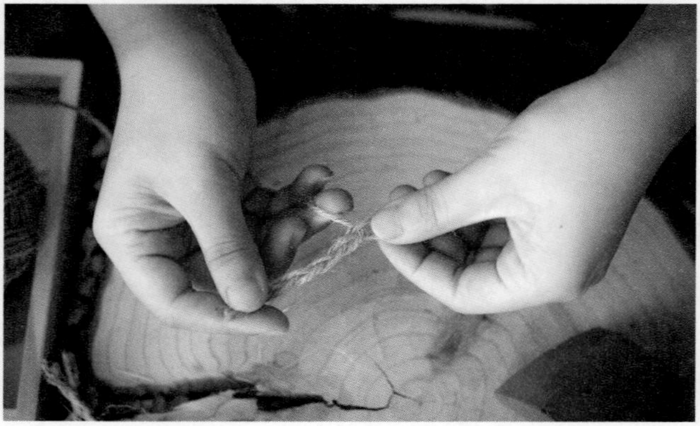

⑤—剪三条和步骤④长度一致的麻绳。

⑥—编成麻花辫状。

⑦ 

⑧ 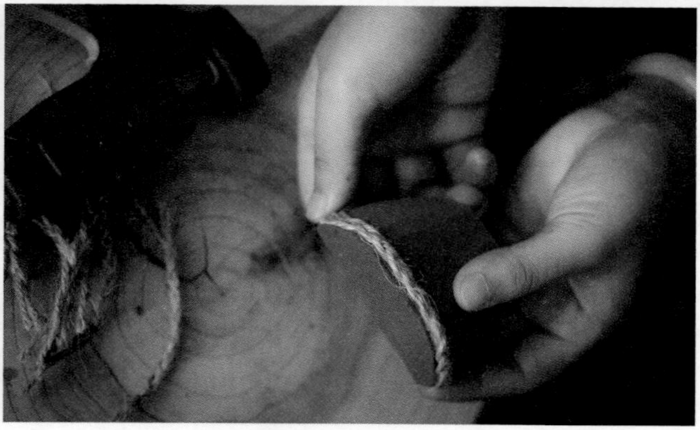

⑦—按照花盆的宽度，重复步骤④ — ⑥，做出多条麻花绳。

⑧—用热熔胶将麻花绳粘到花泥上。

⑨

⑩

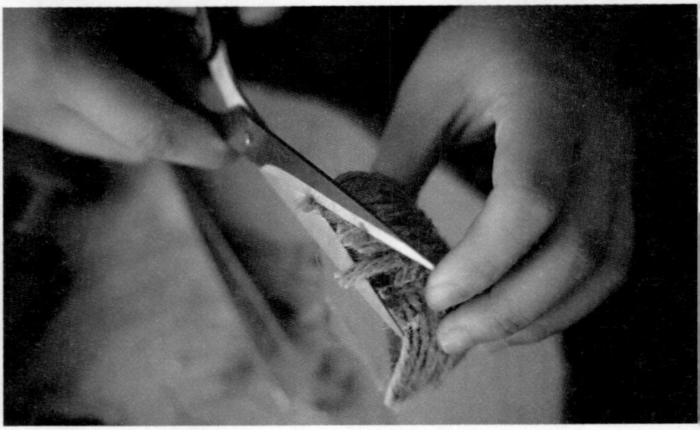

⑨—用单根的麻绳粘满花篮底部。

⑩—将多余的麻绳剪掉。

⑪

⑫

⑪一将做好的花篮固定在相框中。花篮底部与相框边缘的间距大约为食指的厚度。

⑫一将做好的玉米花按照自己的审美插入花篮中。

# Chapter_04

## 灰色篇

# 银菊叶

从第一眼见到银菊叶开始，它就成了我最喜欢的叶子，没有之一。最爱不释手的当属叶子表面的茸毛，就像冬天衣柜里的羊绒大衣，看一眼就暖意融融。我总是不由自主地去抚摸甚至搓揉银菊叶，越玩越上瘾。

很多时候去花店里买银菊叶鲜切花材，老板会称其为『银叶菊』。其实，『银叶菊』是植株名称，而『银菊叶』则是其上的叶片名称。『银叶菊』，别名『雪叶菊』，为菊科千里光属的多年生草本植物，植株多分枝，高度一般在五十到八十厘米，叶一至二回羽状分裂，正反面均有银白色茸毛，原产南欧，较耐寒，在长江流域能露地越冬。

这个外来的物种又常会被误以为是南方的一种植物，叫『芙蓉菊』。二者同样以银白色的叶子出名，但其实两种植物有着本质的不同。

芙蓉菊

银叶菊

简单来说，从茎秆上去分辨比从叶子分辨更为牢靠，因为植株的叶片常会因为周边环境的变化而改变。银叶菊属于多年生草本植物，常出现于鲜切花艺中，茎秆相对柔软，折断有绿色汁液；而芙蓉菊属于灌木植物，常出现于庭院园艺中，茎秆多少会有木质化，相对较硬，折断无明显汁液。

我尝试将银叶菊的叶子放进押花板。几天后带着拆礼物般的心情打开押花板时，我被惊呆了。也许是看惯了叶子被抽离水分后，或是色泽暗淡，或是蜷缩一团，当我看到银菊叶干燥前后几乎没有区别，仍然保持着毛茸表皮、平整叶面时，内心可以说是欣喜若狂的。这是我最喜欢的叶子啊，又恰好可以完美地做成干燥植物。

就像你突然发现最喜欢的人，刚好也喜欢着你。

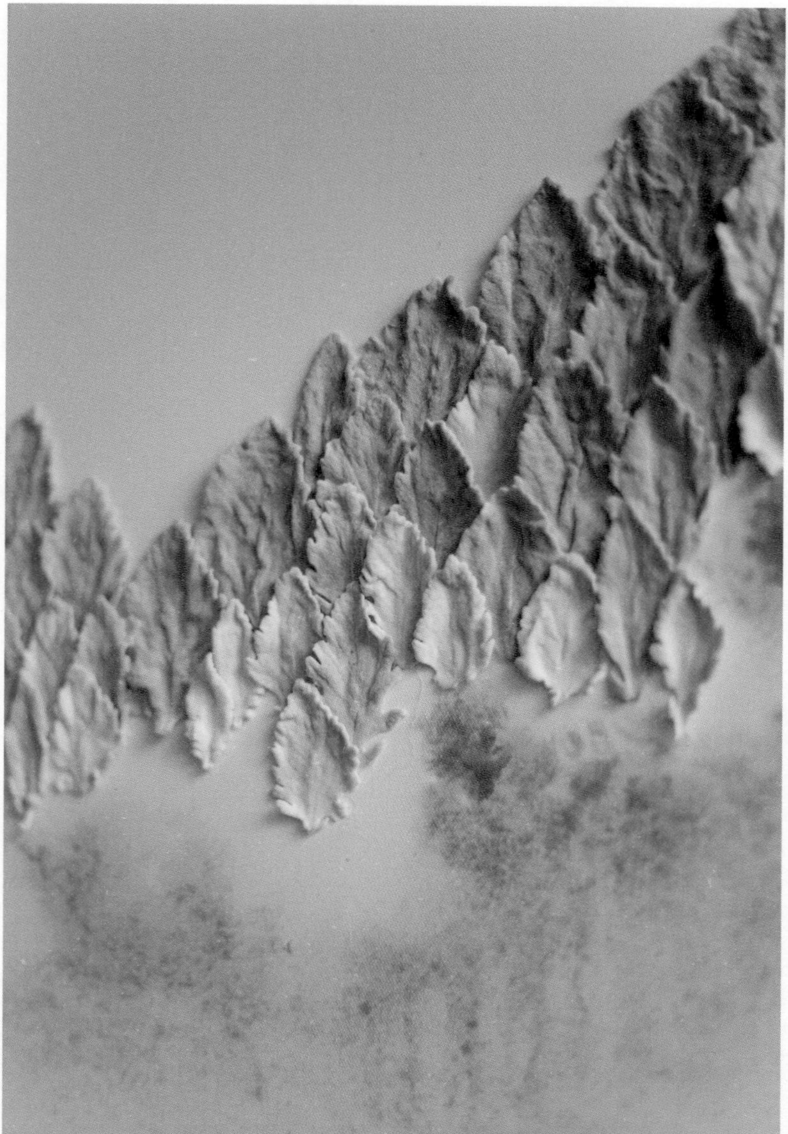

**1**

**银菊叶蔷薇胸针**

*101—107*

*1*

*A Brooch Made of Roses*

*And Dusty Miller Leaves*

*101—107*

# 银菊叶
# 蔷薇胸针

*A Brooch Made of Roses And Dusty Miller Leaves*

## 材料准备 Materials Checklist

**植物材料** ———————— 黄蔷薇、珊瑚果、冬菇草、银菊叶（均为干燥植物）。

**工具材料** ———————— 干草绳（2—3 毫米粗）、胸针、小剪刀、热熔胶枪。

## 制作方法 Method How-To

①

②

①一以银菊叶为底，挑选三五根冬菇草。将挑好的冬菇草修剪至与银菊叶等齐。整个手作过程的剪枝都尽量遵循“宁长勿短”的原则，毕竟长了我们可以再剪，短了很可能会损失一枝花材。

②一开始加入黄蔷薇与珊瑚果，根据整体效果，调整冬菇草的位置，尽量达到高低不一、错落有致的搭配效果。
这里选择圆形灰色的珊瑚果，一是因为珊瑚果可爱的圆形可以和另一配草冬菇草形成呼应，二是淡雅的灰色珊瑚果符合整个胸针的基调，不至于颜色过于鲜艳，影响黄蔷薇的主体视觉效果。

③

④

③—在花束背面将草绳打结。可以选择蝴蝶结或其他样式的打结方式，但是考虑到花束与胸针的黏合度，建议尽量选择“死结”这种既牢固又简单的打结方式。

④—尽量让胸针（金属部分）处于花束中部偏上的位置，尤其是较大的花束。防止胸花佩戴时头重脚轻、左右摇晃。

⑤

⑤一从多个角度（主要是正面）观察胸花，将多余的草绳、花材枝干、胸针延长部分剪掉。完成。

by adore flower studio

# Chapter_05

## 森林盒子篇

# 麋鹿

森林盒子的第一个系列和动物有关。

那时候，我刚搬回山里，对动植物有了全新的体验，也对动物与植物之间的共性产生了好奇心。我想做点东西，一方面是寻找植物与动物之间的共性；另一方面也试图通过绘画与植物表达我对动物们的印象。

断断续续收集来的植物，塞满了工作室，也刷新了我以往对植物的认知。因为尤加利，才知道有的果实看着像果实，实际是花苞。因为银菊叶，才知道不是所有的叶子都光鲜亮丽，也会有些身披毛衣。因为麦秆菊，才知道鲜花的结局不一定是枯萎，还有可能更加色彩斑斓。

不得不承认，自然界就像是精心设计好的，动植物身上其实有很多相似的特点。我沿着大自然留给我的线索，不断寻找最接近动物的植物。

《森林盒子·麋鹿》局部

当我发现某种植物与某种动物之间的联系时，脑海里也就大概有了动物形象的创作灵感。

我通常不会把动物画得太复杂，而是习惯用几何色块的方式来描绘植物的剪影，重点突出动物和植物共同的特征。比如，刺猬总是扛着一身的刺高冷前行，给人的感觉是淡定而有棱角的，绘画部分便以冷蓝色调为主，搭配菱形来表达；植物部分则选用色调相近的尤加利花苞、形态尖锐但又有点可爱的小米果，以及形如其名的南非刺猬果。

而松鼠总是可爱的，我以接近松鼠毛色的咖色为基调，用大大小小的圆形绘成一只松鼠剪影，同时突出描绘了它的大尾巴。植物的选择则以松鼠最爱的松果为主，另外尾巴末端精选了棕色的芦苇和有点毛茸茸的陀螺花，最后还在松鼠的爪子上粘了一颗橡果。

《森林盒子・松鼠》

蝴蝶牌

麋鹿则是神秘的。它让我想起雪山、松林、森之精灵。我用苔绿色和不规则不可控的多边形表达了麋鹿的形象，尤其选用了北方的大松果以及鹿角苔。麋鹿最具辨识度的便是那对角了。而恰好自然界有种柏树的枝干长得如鹿角般，蜿蜒又参差。这些干燥植物若保存得当，可以维持现状一至两年。其中的绿植由于干燥后较难保色，所以选用的植物材料都经过安全的保色处理。

《森林盒子·麋鹿》

# 鲸鱼

《鲸鱼》这个作品，是献给妈妈们的一件礼物。今年的母亲节来临之前，我发现自己也即将当妈妈。

怀孕两个月不到时，小腹还是平坦的，宝宝和我的交流除了偶尔的腰酸和小腹抽痛，就是一直断断续续、时重时轻的孕吐。但我还是欣喜的，总觉得自己的身体不再是自己的，因为有个生命和我一样爱着这个身体。

可是内心却总有个不确定的声音。我是了解自己的，知道那是自己一直以来对亲子关系的悲观。

我所看到的亲子关系里，父母们都尽最大的努力去培养自己的孩子，可是最后不管怎样，这个孩子总会有自己的家，终究会离开，两代人之间的代沟甚至会越来越深……

也许是我还不能够算是真正意义上的妈妈，也许是我还没看到自己的孩子牙牙学语，唤着『妈妈』，总之一想到这些问题，我就有点恐惧，我怕这样的情绪会养不好宝宝，我更怕自己付出一切陪伴成长的宝宝有一天会像我离开父母一样离我而去。我向妈妈哭诉，觉得自己自私极了。

妈妈说，这样的想法是正常的。她在哥哥结婚时，也曾纠结——这个她用尽青春和智慧培养的孩子，就这样和另一个女人结婚成家了。她还跟自己的妈妈抱怨了。而养育了四个孩子的外婆却笑话她说：『从来都是手给脚抓痒，哪有脚给手抓痒的呀？』她想起闹饥荒的年代里，外公常年在外工作，家里只有外婆一人辛苦拉扯这么多小孩长大成人，而今不都是各自成立家庭？尤其是她这个嫁出去的女儿，几乎一年才能回家一次，探望年迈的父母。

《森林盒子·鲸鱼》局部

妈妈和我转述这些话时，我有点惊讶。依稀记得上初中的时候，三舅结婚，外婆也是有过类似抱怨的，而今终究是想通了。

从两位过来人的谈话里，我似乎明白了，一位母亲一辈子都在成长，总是在面临新的考验，从决定生下孩子，到无条件为孩子付出，再到最后不得不坦然接受别离。

世界上几乎所有的爱都是以相聚为目的，而只有父母给孩子的爱，是为了让孩子走得更远。孩子是独立的个体，终将长成美好模样，离我们远去。但我相信，我为孩子付出的同时，也是在教会他如何付出，这样当他为人父母时，也就会像自己的父母一样去爱护儿女，告诉他『你自己来。』

小时候在海洋馆看到鲸鱼时，竟然会产生莫名的安全感，第一次感受到一条鱼那么那么大，大到觉得可以住进它肚子里。我曾经做过一个梦，梦见我成了鲸鱼的孩子，它带着我在海里徜徉，还不时喷出水柱，落到海里全化成了泡泡。在怀了宝宝后的某天，突然想起这个梦，就画了这幅画。

鲸鱼呼吸的时候，需要靠近水面喷出水柱，我把它露出的背部想象成岛屿，喷出的水柱便是岛屿上的树。母鲸鱼一路保护着小鲸鱼慢慢长大，也在不断教会小鲸鱼热爱这片海洋，它知道小鲸鱼终将长大，终将游往更宽广的海域，去追寻自己的岛屿。但是它会努力保留身上岛屿的模样，无论什么时候小鲸鱼要回家，都能找得到它。

《森林盒子・鲸鱼》

# 乐

『植与你——喜怒哀乐』系列在ADM亚洲设计论坛第一次展出，当时喜欢的人很多，展览结束之后仍然有人在『一朵』的公众平台留言说很喜欢，问能否购买。后来我就将『喜怒哀乐』系列里的《喜》《乐》《哀》三个作品稍加改进并开发成衍生品，其中《乐》可以说是最具感染力也最讨人喜欢的。

# 花时间·四季

花时间去留意四季各有的色彩，
花时间去收集四季常见的植物，
花时间去完成一个独特的花环。

让『花时间』成为一种常态：
花时间去等待一件事情，
花时间去过一段小日子，
花时间去好好爱一个人。

# 春之叶

在荒芜天地间看到第一抹绿时，我们知道，春天来了。

绿，总让人想到植物的叶子，不张扬，也不轻易低落。因为喜爱叶子，我家中的植物十有八九是几乎不开花的观叶植物，尤以蕨类居多。

在创作《春之叶》时，我首先想到的植物就是蕨类。在绿色调的图画稿上，搭配深绿的蕨、浅绿的绣球、黄绿的小米花，我贪心地想把春天的新鲜都收进这幅植物手作画里。

《森林盒子·夏之花》

# 夏之花

夏，是盛放的季节。

经过整个春季铆足劲地生长，植物们在夏季开始肆意开花。灿烂的、绚丽的、热烈的，就像每天如约而至的艳阳，将整个夏天染成金黄。说到太阳，我想到的植物绝对不是向日葵，而是干燥后仍然保持绚烂色彩的麦秆菊。

麦秆菊有着我喜欢的所有黄色调，从淡黄到金黄，再到带点橘调的黄。就像夏日从早到晚的样子，从早晨的淡黄，到晌午的金黄，再到傍晚的橘黄。

非要说最喜欢哪种黄，那还是橘黄吧，比淡黄更热情点，但又没有金黄热烈，像是一种贴心的暖。所以麦秆菊成了《夏之花》的主题植物，因为它拥有夏日清晨到傍晚的所有模样。

《森林盒子・秋之果》

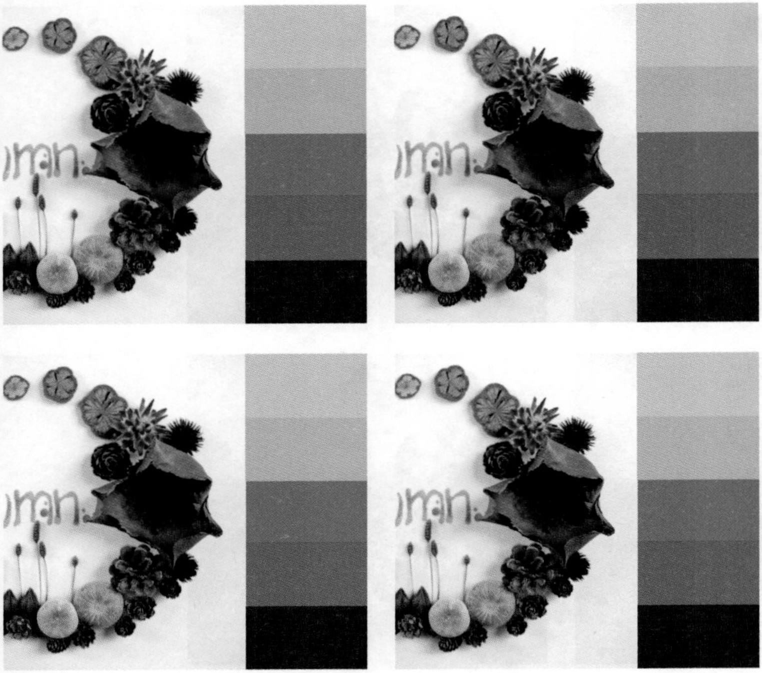

## 秋之果

咖色让我想起秋天，也让我想起大地。

在《秋之果》里，我用了十来种秋季常见的果实，包括松果、杉果、使君子、橡果等。秋季的果实，多是木质化材质，带有深浅不一的褐色，是成熟的味道。

《森林盒子・冬之木》

# 冬之木

灰色总会让我想起北方落雪的冬天，想起冬日天地间漫无边际的色彩。

天空飘下极白的雪，落在枯枝伫立的黑色大地上。瞬间，天与地各退一步，妥协成了灰色。不像白色的纯空和墨色的吞噬，灰色是一种不那么极端的颜色，虽然有点沉默，却蕴含了无限可能。

冬季的植物，落去花、叶、果，变成纯粹的木，做好了过冬的准备。枯木几乎是冬日里植物给我留下的主要印象。所以在《冬之木》这个作品里，形似枯枝的海铁树成了主题植物。很多人不知道，海铁树其实不是树，而是来自海底的珊瑚。海铁树又称海柳，是一种类似海蜇的珊瑚。当珊瑚离去，留下的壳角蛋白结成树状的海柳，异常坚韧，这就是『海铁树』名字的由来。

海铁树干燥后，通体变成深深的褐色，有微微的光泽。但据说雨天来临前，铁树表面会开始变得暗淡无光，并分泌出微量的黏液，故有『小气象台』之称。

也许离开了海洋的海铁树，偶尔会忘记自己曾是珊瑚的壳，偶尔会把自己想象成与其他树木一样的植物，能感知天气、季节变化。

在棉花的下方，我特意点缀了一些松果。并不是所有的跌落都代表结束，那些秋天里落下的松果、种子，此时盖在厚厚的雪下，耐心等待来年春天发芽的机会。

在海铁树的枝干上我点缀了些白梅，也许这是冬季里最常见的花了吧。银菊叶、布鲁纳果、乌柏构成了灰色的一片风景，与雪山相呼应。